和坏习惯说再见
全5册
儿童健康
自我管理
绘本

探秘零食博物馆

1

徐瑞达 / 著　苏小泡 / 绘

中信出版集团 | 北京

图书在版编目（CIP）数据

探秘零食博物馆 / 徐瑞达著；苏小泡绘 . -- 北京：
中信出版社, 2024.8
（和坏习惯说再见：儿童健康自我管理绘本）
ISBN 978-7-5217-6391-1

Ⅰ . ①探… Ⅱ . ①徐… ②苏… Ⅲ . ①食品添加剂－
儿童读物 Ⅳ . ① TS202.3-49

中国国家版本馆 CIP 数据核字（2024）第 044176 号

探秘零食博物馆

（和坏习惯说再见：儿童健康自我管理绘本）

著　　者：徐瑞达
绘　　者：苏小泡
出版发行：中信出版集团股份有限公司
　　　　　（北京市朝阳区东三环北路27号嘉铭中心　邮编　100020）
承　印　者：北京尚唐印刷包装有限公司

开　　本：889mm×1194mm　1/16　　　印　　张：12.5　　　字　　数：330千字
版　　次：2024年8月第1版　　　　　印　　次：2024年8月第1次印刷
书　　号：ISBN 978-7-5217-6391-1
定　　价：99.00元（全5册）

出　　品：中信儿童书店
图书策划：小飞马童书
总　策　划：赵媛媛
策划编辑：白雪
责任编辑：蒋璞莹
营　　销：中信童书营销中心
装帧设计：刘潇然
内文排版：李艳芝
封面插画：苏小泡

☆ 主要人物 ☆

冷布丁

古灵精怪，喜欢钻研各种稀奇古怪的问题。对零食了如指掌，人称"零食大王"。口头禅是"哎呀呀"。

叮叮当

丘丘兵

泡泡

冷布丁的好朋友，单纯可爱，想象力丰富，能把任何物品联想成美食。食量超大，尤其喜欢甜食。

超能小圆，零食博物馆送给小朋友们的机器人。它们身怀绝技，除了能随意变形，还能用各种出人意料的方式解决疑难问题。

菲菲

文静乖巧，说话轻声细语。喜欢看书和画画。擅长配色，能把食物搭配得像彩虹一样漂亮。

默默

咕噜噜

机智勇敢的小班长，超级小学霸，热爱运动，活力四射，各方面都十分优秀。

叮铃铃

凯文老师

小朋友们心中最神秘、最有趣的老师，总能给大家带来惊喜。

我叫冷布丁，是一年级的小学生，别人都叫我"零食大王"。

我最大的梦想就是妈妈能允许我随便吃零食，随便看动画片，我想做什么就做什么。

我的梦想实现起来有点儿难。不过，明天凯文老师带我们去零食博物馆，这件事可是千真万确！作为"零食大王"，我却不知道这世上居然还有零食博物馆，它是什么样的呢？会不会是一座糖果城堡呢？

第二天，我们真的站到零食博物馆门前时，却发现它不过就是一座普普通通的建筑！凯文老师说的惊喜到底在哪儿呀？大家应该都很失望吧？

零食博物馆

紧接着，两侧的地面开始慢慢向上卷起，变成了一艘小船在水面上荡漾。空气中夹杂着果汁的气味，大家好像被困在了一个巨大的塑料瓶里。

这时，有个声音一字一顿地说："女士们，先生们，欢迎光临零食博物馆。我是超能小圆叮叮当，很荣幸带大家参观游览……"我四下张望，原来是一个圆滚滚的机器人正在一旁讲话。

就这样，在一片惊慌中，游览开始了！糖果、薯片等零食像风筝一样飘在半空中，还有巨大的实验仪器，看得我心里发慌。一阵阵轰鸣声传来，更是让人觉得诡异！但老师面不改色，还提议大家玩抢答游戏呢！

大家平常买的那些零食有什么共同点？

看上去都很漂亮、很好吃！

这里有点儿诡异呢！

吃太多会吃不下饭！

都比我妈妈做的饭好吃！

有的果汁里并没有水果成分，却有水果味，这是因为里面加了什么？

香精！

不愧是小班长，这都知道。

不可能吧？

香精听起来像是精灵的亲戚。

果味奶

配料表：
水、奶粉、白砂糖、果酱、单硬脂酸甘油酯、蔗糖脂肪酸酯、卡拉胶、瓜尔胶、三聚磷酸钠、六偏磷酸钠、碳酸三钠、食用香精

果汁饮料

配料表：
水、白砂糖、果葡糖浆、橙浓缩汁、二氧化碳、柠檬酸、羧甲基纤维素钠、黄原胶、食用香精

"第一站，饮料展厅。"随着叮叮当的播报，困住我们的塑料瓶变得更大了，一些不明液体咕咚咕咚地灌进来。天哪，这很危险吧？我期待叮叮当告诉我怎样逃跑，可它却又提了一个问题！

"糟糕，这些家伙怎么出来了！"叮叮当一边说着，一边向香精小怪兽喷水。小怪兽们立刻缩回水中，随即空气中的香气也消失了。叮叮当摊着手说："唉，它们是来捣乱的！"

　　没人注意到，困住大家的饮料瓶是什么时候不见的。小船悄悄地划到了眼前这片白茫茫的雪地上。"第二站，冰激凌展厅到了。"我抬头一看，这哪是冰激凌啊？这分明是一座雪山，山顶还有火红的岩浆在咕噜咕噜响！

什么东西可以改变食物原本的颜色，还能用它做出颜色更鲜艳的食品？

叮叮当说："那真的是草莓果酱冰激凌，只不过大了点。那边还有制作冰激凌的设备呢！"之后，叮叮当提出了新的问题。它又把我这个"零食大王"给难住了！

水彩笔！

我觉得是色素。

哈哈，用笔能做出食品吗？

新款雪山冰激凌

配料表：

水、全脂奶粉、白砂糖、无水奶油、葡萄糖浆、食品添加剂（单双甘油脂肪酸酯、瓜尔胶、卡拉胶、诱惑红、食用香精）

叮叮当不知从哪里拿出一根长长的喷水管，吓得色素小怪兽四散而逃，火红的草莓果酱褪去了艳丽的色彩，一下子暗淡下来。

有研究认为，我们人工色素会影响肠道健康，干扰免疫系统，让小朋友出现湿疹、咳嗽、腹泻、鼻炎等过敏反应。

还有研究认为，我们能让小孩儿变得冲动、暴躁、注意力不集中。

大家对我们是否安全这件事，一直争论不休！

我们色素的名字都很直观，一听就和颜色有关，比如胭脂红、诱惑红、柠檬黄、日落黄等。

色素分为天然色素和人工色素。天然色素颜色不稳定，价格更高；人工色素是通过化学方法合成的，价格低、不容易变色、着色力强，使用非常广泛。科研人员通过毒理实验来评估它们的安全性，并对其使用范围和最大使用量做出限定。但不同国家相关标准并不相同，在我国，婴幼儿和儿童食品中不可添加人工色素。

哎呀呀！记住漂亮的都不好惹就对了！

颜色越深的，色素就越多。

小船继续向前，水在逐渐变白、变黏稠。叮叮当播报："第三站，酸奶展厅到了。"但是，等等，此刻出现在眼前的是瀑布！没错，是湍急的酸奶瀑布！翻腾的浪花差点儿掀翻我们的小船。

酸奶中，牛奶（生牛乳）的比例不能低于80%，但有人只用少量的牛奶就能做出多杯浓稠的酸奶，他是怎么做到的？
A. 在酸奶里加了黏稠的物质。
B. 装酸奶的是小瓶子。
C. 加了增稠剂。

新款美滋滋酸奶

配料表：
生牛乳、白砂糖、乳清蛋白、乳酸菌、食品添加剂（果胶、明胶、乙酰化二淀粉磷酸酯、双乙酰酒石酸单双甘油酯、安赛蜜、食用香精）

好在这个问题很简单。当大家异口同声地说出"加了增稠剂"时，捣蛋的小怪兽们又冒出来了。

增稠剂用途广泛，可改善食物口感，也可起乳化、稳定作用。增稠剂虽然比较"温和"，但儿童的肠胃功能还比较弱，过多食用可能会加重肠胃负担，造成消化不良。因此还是少吃为妙。

我们增稠剂可以改善食物口感！

我们也能保持食物的稳定性。

只要说出正确答案你们就会出来，对吗？

谁都不提自己的缺点啊！看我的！

我们可以帮忙降低生产成本。

在酸奶、果汁、果冻里，一般都能找到我们。就连糕点、冰激凌、肉制品、方便面里也能找到我们。

叮叮当用小棒轻轻一搅，小怪兽们就像被施了魔法一样，一眨眼全都不见了，水也马上变清了。

小船继续向前漂流。叮叮当大声说："第四站，你们最喜欢的糖果展厅到了！"我连做梦都没想到，世界上还有这样奇妙的糖果森林！大家都被这一望无际的美妙景象迷住了。

接下来的这个问题，大家一看题目就笑了起来。"不用糖怎样做出棒棒糖？"泡泡说，"我们可是大孩子了，这种常识还是知道一些的。"

不用糖怎样做出棒棒糖？

A. 在葡萄上插个小棍假装棒棒糖。
B. 找魔术师变出来。
C. 用甜味剂替代糖。

博物馆新款无糖棒棒糖

配料表：
抗性糊精、糯米淀粉、食用盐、食品添加剂（木糖醇、柠檬酸、柠檬黄、甜蜜素、食用香精）

A 和 B 听起来就不像正确答案，所以我选C。

我用排除法猜到了正确答案是C，可什么都没出现。大家正疑惑时，叮叮当提到了"甜味剂"三个字，糖果森林里突然呼啦啦地飞出来一群"小蝴蝶"。大家不由得连连惊呼。

有研究认为，我们会破坏肠道菌群，扰乱代谢。

也有研究认为，我们对控制体重没有帮助，反而会增加慢性病的发病风险。

这些小蝴蝶还算坦诚，一边自夸，一边指出自己的缺点。可叮叮当看不惯这群捣蛋鬼，它举起大网朝空中使劲一挥，那些"小蝴蝶"被扇得歪七扭八，只好依依不舍地飞向了森林深处。

如果从幼年开始接触我们，我们就能改变人的味觉偏好，让人们更离不开我们。

世界卫生组织建议，除糖尿病患者以外的人群，要避免食用非糖甜味剂。

少吃甜的就好了嘛！

甜味剂也是一个庞大的家族。常见的甜蜜素、三氯蔗糖、阿斯巴甜等都属于人工合成的非糖甜味剂。和其他人工合成添加剂一样，科学界对它们的潜在危害一直争议不断。阿斯巴甜现已被相关国际机构认定为可能致癌的物质。

如果担心食物腐烂变质，我们可以怎样做？

A. 放冰箱冷冻。
B. 高温灭菌后隔绝空气。
C. 彻底烘干，除去水分。
D. 发酵。
E. 添加防腐剂。

"第五站，香肠展厅到了。"这里更离谱！看！
小船从香肠大滑梯上飞驰而下时，大家的头发都
像旗子一样迎风飘起，我紧张得心都要跳出来了。
真不敢相信，这种时候叮叮当还有心思提问！

可惜，叮叮当觉得泡泡的主意不怎么样！它一本正经地纠正道："五个选项都对！"。它还告诉大家香肠为什么能存放很久，加工食品为什么几乎都需要防腐剂。不出所料，又有小怪兽出来了！

我们能延长食物的保质期。

这位小朋友要尝一块吗？

我不仅能防腐，还能让香肠的颜色更加漂亮诱人哟！

我……我还是考虑一下吧！

空气中飘浮着很多微生物，它们时刻准备着偷偷享用人类的美食。但人们有很多办法对付这些大盗。

1. 低温保存（如把食物冷藏、冷冻）。
2. 灭菌后隔绝空气（如盒装纯牛奶、罐头）。
3. 把食物烘干、晒干。
4. 发酵（如泡菜、纳豆）。
5. 添加防腐剂（适用于大多数加工食品）。

叮叮当早已准备好神秘武器，准备出击啦！防腐剂小怪兽们见事情不妙，立刻逃之夭夭。叮叮当眨了眨眼说："没错，防腐剂功劳很大，但是你们也不要太骄傲，缺点不能藏着不说！"

防腐剂家族兢兢业业地守护着现代食品工业的发展。但这些防腐勇士往往也有另一副魔鬼的面目：自带毒性，敌友不分。不过，科研人员给它们严格限定了最大添加量，以保障食品安全。

我在香肠中的最大添加量是0.15克/千克。

我在果汁饮料中的最大添加量是1.0克/千克。

我在糕点中的最大添加量是1.0克/千克。

相比它们，我更温和。但还是新鲜烹饪的食物更适合小朋友哟！

更多防腐科技研发中……

亚硝酸钠	苯甲酸钠	山梨酸钾	丙酸钙
杀伤力强	杀伤力中	杀伤力中	杀伤力弱

几经辗转，我们最终知道了零食的全部秘密。叮叮当最开始的那个问题，在大家心里也都有了答案。

就在返程时，叮叮当打了个震天响的喷嚏，一排巨浪直接把我们带回了博物馆门口。旅程在大家的尖叫声中结束了。

我们平常买的那些零食里，几乎都有食品添加剂，比如香精、色素、增稠剂、甜味剂、防腐剂、抗氧化剂、乳化剂、漂白剂、膨松剂……小朋友们吃零食，要适可而止哟！

说给孩子的话

亲爱的小朋友，以前爸爸妈妈不让你吃零食的时候，你是不是觉得很委屈啊？现在我们看完了这本书，你知道原因了吗？

"新发明"这个词你一定听过。科学家总会发明出各种各样的新东西，让人们的生活越来越好。但这些新发明有时也会产生一些难以察觉的危害，需要经过很长时间才能被发现，或者被验证出来。比如，古人发明过一种锡壶，用它来装酒、热酒，多年后，却发现这种锡壶里有一种叫"铅"的有害物质，长期使用锡壶，让很多人不幸中毒。还有些药物，像四环素、庆大霉素、沙利度胺，它们曾帮助过很多人治好病痛，但后来人们却发现，四环素会影响牙齿的生长，庆大霉素可能造成耳聋，沙利度胺有较强的致畸性。

我们购买的各种零食、新型食品也算是新发明，因为不断有新的食品添加剂加入其中，这些历史并不长的"新发明"，对儿童来说是否绝对安全，安全剂量是多少，各个国家的标准并不统一，也会时有修改和调整。此外，零食往往含有过多的糖和盐，对健康饮食习惯的养成极其不利。所以爸爸妈妈控制我们吃零食，是为了确保我们的安全和健康。

但你别担心，食品添加剂不是毒药，只是需要我们控制食用量。在偶尔购买、品尝零食的时候，如果你能和爸爸妈妈一起看看食品配料表，那说明你已经掌握了一个非常了不起的本领。

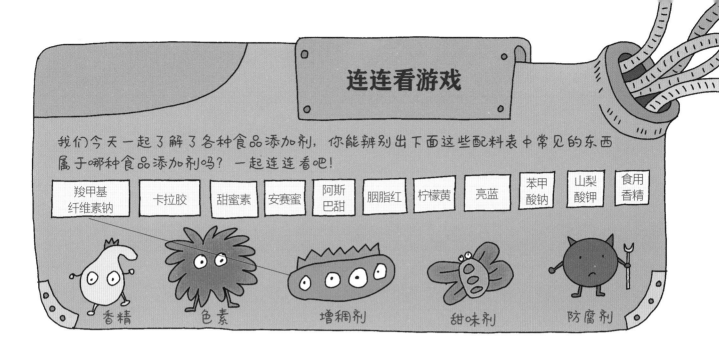

连连看游戏

我们今天一起了解了各种食品添加剂，你能辨别出下面这些配料表中常见的东西属于哪种食品添加剂吗？一起连连看吧！

羧甲基纤维素钠　卡拉胶　甜蜜素　安赛蜜　阿斯巴甜　胭脂红　柠檬黄　亮蓝　苯甲酸钠　山梨酸钾　食用香精

香精　色素　增稠剂　甜味剂　防腐剂

最后，希望你能提醒家人，要买正规厂家生产的合格产品，同时尽量选择健康零食，比如：

1. 纯牛奶、水果、坚果等天然食品；
2. 高品质酸奶、冻干蔬果干等食品添加剂较少的食品。

尽量不吃或少吃过度加工的不健康零食，比如：

1. 营养价值低而食品添加剂多的；
2. 颜色特别鲜艳的；
3. 白砂糖、食用盐等调味料在配料表中排序靠前的。

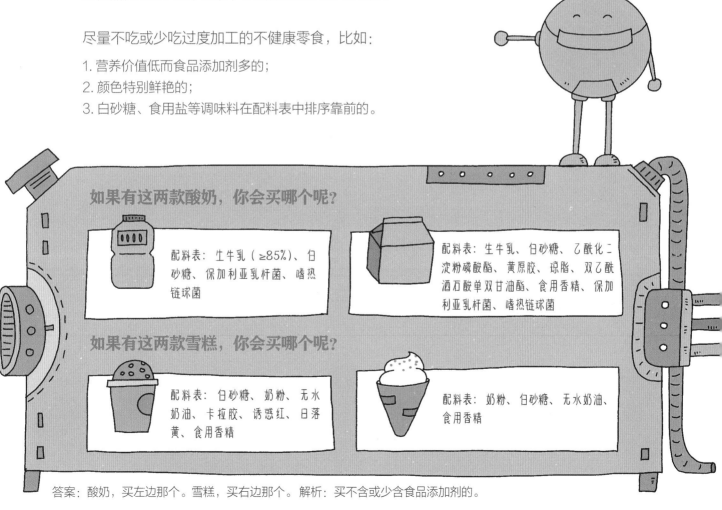

如果有这两款酸奶，你会买哪个呢？

配料表：生牛乳（≥85%）、白砂糖、保加利亚乳杆菌、嗜热链球菌

配料表：生牛乳、白砂糖、乙酰化二淀粉磷酸酯、黄原胶、琼脂、双乙酰酒石酸单双甘油酯、食用香精、保加利亚乳杆菌、嗜热链球菌

如果有这两款雪糕，你会买哪个呢？

配料表：白砂糖、奶粉、无水奶油、卡拉胶、诱惑红、日落黄、食用香精

配料表：奶粉、白砂糖、无水奶油、食用香精

答案：酸奶，买左边那个。雪糕，买右边那个。解析：买不含或少含食品添加剂的。

家长一起学
为孩子的健康保驾护航

家长为什么要重视食品添加剂呢？

我国对食品添加剂的使用有严格的规定。理论上讲，按规定使用食品添加剂对人体是安全的。但在现实中，食品添加剂的滥用，尤其是超标、超范围使用现象，屡禁不止。再加上食品添加剂本身的制备原料、残留等种种藏在暗处的风险，令人防不胜防。

此外，有些目前可以合法使用的食品添加剂，依然存在安全性的争议。儿童正处在生长发育期，消化、神经、免疫系统发育还不健全，家长尽量让孩子少吃或不吃加工食品，是更妥善的选择。为了便利和口腹之欲去承担不确定的风险，未免得不偿失。

在不影响正餐的前提下，家长给孩子选购零食时，不妨养成看配料表的习惯，尽量选择更适合儿童的食品，合理食用，帮助他们从小养成良好的饮食习惯，为孩子一生的健康保驾护航。

关于食品安全，我们还要注意什么？

1. 糕点、巧克力等零食中的反式脂肪酸含量
氢化植物油是反式脂肪酸最主要的来源。在加工食品的配料表中，代可可脂、植物奶油、植物黄油、氢化植物油、氢化棕榈油、起酥油、植物酥油、氢化脂肪、植脂末、奶精等成分，都含有反式脂肪酸。它们的危害包括：影响儿童生长发育，降低记忆力，增加心血管疾病、糖尿病、肥胖等慢性疾病的风险。世界卫生组织建议每人每天的反式脂肪酸摄入量不超过总能量的 1%，《中国居民膳食指南》建议居民要"每天摄入量不超过 2 克"。

2. 零食的塑料包装
塑化剂（邻苯二甲酸酯）、双酚 A 有致性早熟的风险。虽然它们不直接添加于食品当中，但接触食品的塑料包装、饮料瓶等，都是它们进入人体的间接途径。所以我们要选购正规厂家的合格产品，同时也要避免带着包装加热食品。

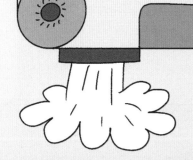

相关研究：吃出来的多动症状

2007 年，英国《柳叶刀》杂志曾发表一项研究成果，明确指出食品中的添加剂会显著影响儿童行为，使一些儿童出现多动症状。

研究中有近 300 名儿童参与了分组实验，其中一组为 3 岁学前儿童，另一组为 8 ~ 9 岁小学生。这些儿童在实验中分别饮用食品添加剂（主要为苯甲酸钠防腐剂和人工色素等）含量不同的饮料。经过记录评估孩子们的行为方式，比如是否存在情绪躁动、注意力不集中、烦躁易怒、坐立不安、喜欢打断别人说话等情况，研究人员得出对比结果：在饮用含食品添加剂的果汁后，总体来看，两组孩子都会变得亢奋好动，3 岁组的孩子即使饮用食品添加剂含量较少的果汁也会有显著的不良反应。儿童对食品添加剂的反应也存在个体差异，有些孩子的不良反应会尤其强烈，出现明显的暴躁、冲动、吵闹、无法集中注意力等现象。

越来越多的研究显示，有些食品添加剂能够引起多种儿童多动症的症状。

自 2010 年起，英国食品安全局已经将如下 6 种容易引起儿童多动症状的食品色素添加剂禁用，包括：日落黄、喹啉黄、淡红色素、诱惑红、柠檬黄、胭脂红。

国内首份《儿童零食通用要求》团体标准发布

首次提出"儿童零食"的定义，并在营养健康及安全性方面对儿童零食有了明确的规定。比如：（1）所使用的油脂不应含有反式脂肪酸；（2）所使用原料不应使用辐照或微波处理；（3）少添加糖、盐、油，并规定盐、糖、油的限值；（4）不允许使用防腐剂、人工色素、甜味剂；（5）感官包装确保安全；（6）强制标出致敏物质信息。

★ 主创人员 ★

徐瑞达

度本图书（Dopress Books）工作室创始人、主编、科普作者。主张快乐育儿，科学育儿，有讲不完的爆笑故事，也有根植于心的谨慎固执。倡导"健康管理，始于幼年"。

苏小泡

儿童插画、商业插画、新闻漫画创作者。现居地球。拥有一只猫和一支笔。

★ 顾问专家 ★

华天懿

中国医科大学附属盛京医院儿童保健科副主任医师，医学博士，从事发育儿科医、教、研工作 20 余年。在儿童生长发育、营养、心理及保健指导方面拥有丰富的临床经验。

孙裕强

中国医科大学附属第一医院急诊科副主任医师，医学博士，美国梅奥诊所高级访问学者、临床研究合作助理。